神隱鳥，你在哪兒？

認識香港不同的建築物

新雅編輯室　著　　　李成宇　圖

新雅文化事業有限公司
www.sunya.com.hk

這天，石獅安安一早便來到荃灣三棟屋博物館。它原本是客家圍村，現在已變成博物館了。

「石獅安安，你來找我還是吱喳鳥呢？」三棟屋伯伯笑着說。

「三棟屋伯伯，我今天來約吱喳鳥去玩呢。」石獅安安說。

為什麼叫做「三棟屋」？

三棟屋由二百多年前的陳氏族人興建，它主要有三部分：安放車轎等雜物的前廳、舉行家族聚會和用於招呼客人的中廳，以及祭祀祖先的祠堂。各部分的屋頂都由一條稱為「棟」的橫樑所承托，所以被稱為「三棟屋」。

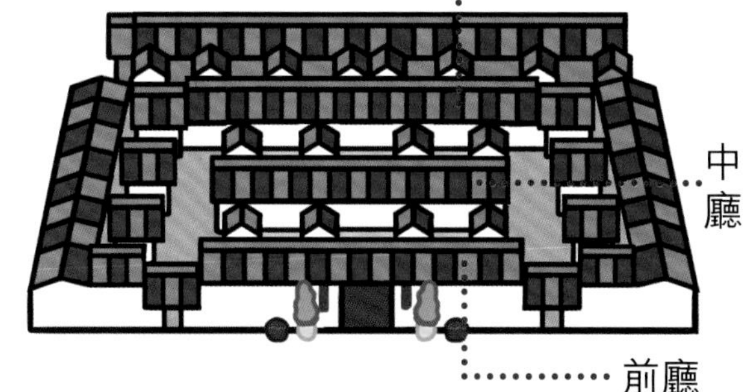

知識加油站

為什麼要興建圍村呢？

很早以前的香港，沿海地區海盜橫行，四處搶掠，所以同一宗族的家庭便聚居在一起，以便互相照應，並築起高高的圍牆以抵禦海盜，因而形成了圍村。

石獅安安見到吱喳鳥的時候，他正在唉聲歎氣。

原來最近有很多鳥兒遷來，令居住環境變得擠迫。有些原住鳥認為忍一忍就好了，有些則要趕走新鄰居。大家天天吵架，令吱喳鳥非常煩惱。

吱喳鳥歎氣說：「看來只有族裏的智者神隱鳥才能平息紛爭。」

石獅安安說：「那我們就去請他幫忙吧！」

知識加油站
什麼是蝸居？
香港地方細小，卻住了七百多萬人，不但樓宇興建得密密麻麻，而且大部分人的住所面積也很細小，就像蝸牛的家一樣，所以被稱為蝸居。
動動腦筋
什麼居住環境最舒適？
小朋友，你喜歡的居住環境是怎樣的？你可以說說看或是畫出來，跟爸爸媽媽分享。
（自由發揮作答）
哎呀，那你別再抓了。

春生雷
春生雷
我頭上的是中式牌匾，文字應該從右至左讀。
這是騎樓，它是由樓房伸展出來，遮蓋行人道的部分。

聽說神隱鳥去過旺角的「雷生春」，石獅安安和吱喳鳥便去看看。

「雷生春」原是一棟舊式唐樓，經過活化之後，已經煥然一新。

聽到神隱鳥的名字，雷生春叔叔想了一想，才說：「他的確來過，但那是很久以前的事了。他說過會去看另一棟經活化的建築，好像叫做美荷樓。」

石獅安安說：「知道了，謝謝你。」

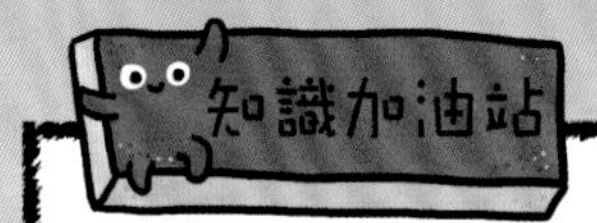

什麼是唐樓？

唐樓是混合了中式和西式風格的建築物，於19世紀中後期出現於香港、澳門、廣州等地，甚至東南亞一帶。唐樓一般有二至四層，有些設計成騎樓，下層是店鋪，上層是住宅。

什麼是活化歷史建築？

有些舊建築具有重要價值，所以沒有被清拆。修復的時候，會盡量保持它們的原貌，並給予新用途，以繼續服務社會，這就是活化。「雷生春」的地舖原是雷氏家族在1931年開的藥店，樓上則是他們的住所，現在已活化成非牟利機構經營的中醫診所了。

石硤尾美荷樓的顏色鮮豔奪目，石獅安安和吱喳鳥都覺得她非常漂亮！

美荷樓姨姨熱情地招呼他們四處參觀，讓他們看看香港上世紀50至80年代的公共房屋是怎樣的。

雖然在這裏找不到神隱鳥，但美荷樓姨姨提供了一條線索——神隱鳥喜歡有名氣的東西！

美荷樓原本是徙置大廈？

1953年石硤尾木屋區發生大火，五萬多人無家可歸，政府便興建了第一批六層高的徙置大廈以安置災民。美荷樓就是唯一保留下來、最早期的H型徙置大廈，現已活化為旅舍和展館。

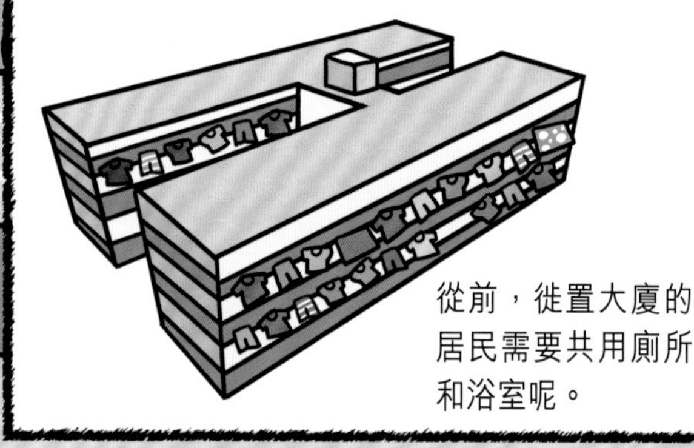

從前，徙置大廈的居民需要共用廁所和浴室呢。

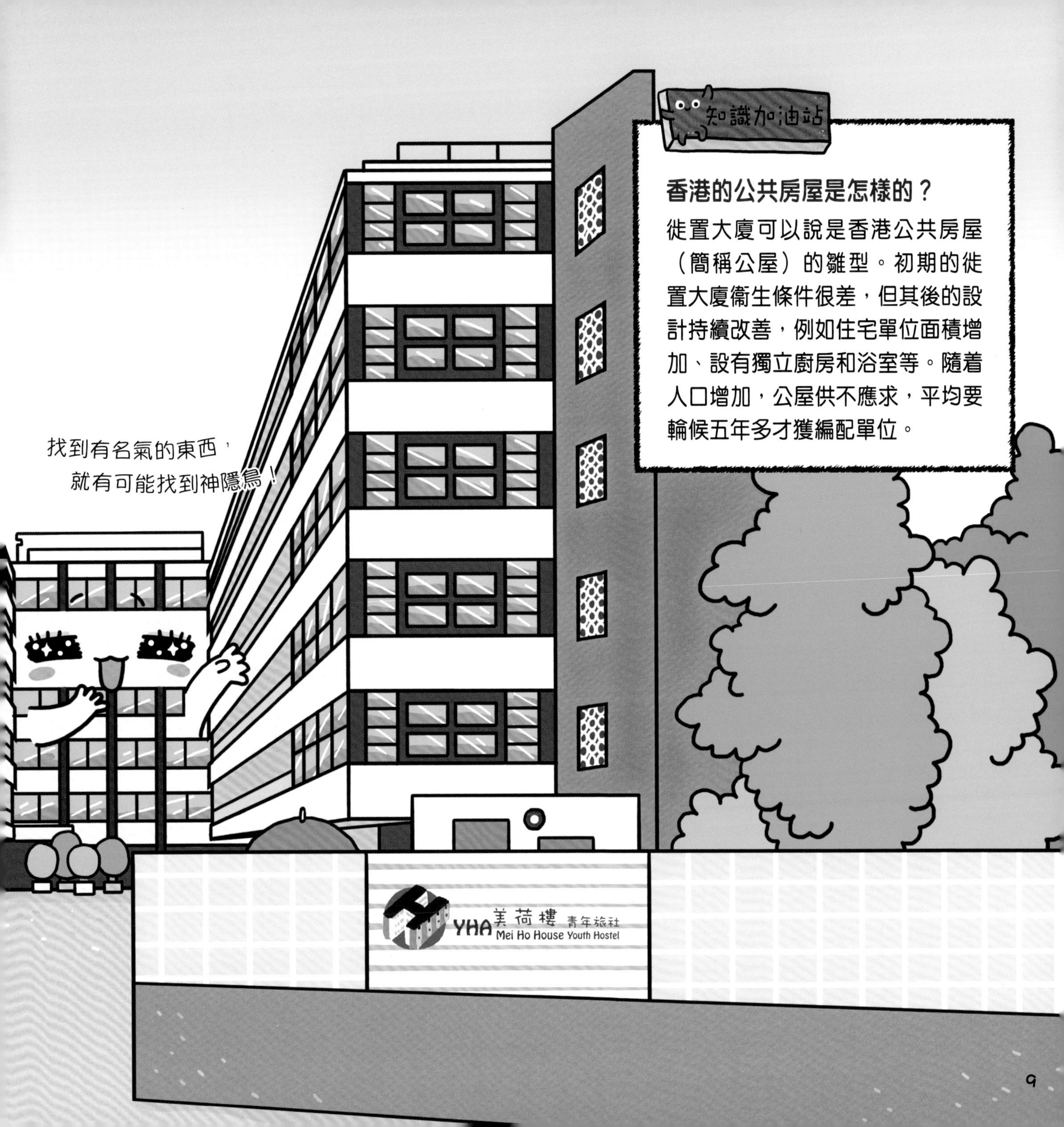
知識加油站
香港的公共房屋是怎樣的？
徙置大廈可以說是香港公共房屋（簡稱公屋）的雛型。初期的徙置大廈衞生條件很差，但其後的設計持續改善，例如住宅單位面積增加、設有獨立廚房和浴室等。隨着人口增加，公屋供不應求，平均要輪候五年多才獲編配單位。
找到有名氣的東西，
就有可能找到神隱鳥！
YHA 美荷樓 青年旅社
Mei Ho House Youth Hostel

吱喳鳥飛到空中張望了一會兒，發現尖沙咀有一棟非常突出的大廈——環球貿易廣場，簡稱環貿。他會不會有神隱鳥的消息呢？

鐘樓屹立尖沙咀很多年了，
他可能有神隱鳥的消息呢。

吱喳鳥和石獅安安來到這棟大廈面前，仰得脖子都酸了，才見到環貿哥哥的臉。

「對不起，我長得太高了，我是全港最高的摩天大樓呢。」環貿哥哥歉意地說。

他沒有見過神隱鳥，但建議石獅安安可以去問問見多識廣的尖沙咀鐘樓。

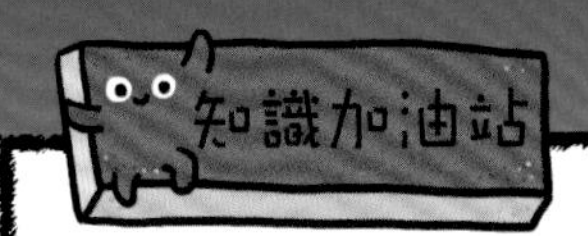

香港有什麼摩天大樓？

香港的第一棟摩天大樓於1973年落成，它是中環的康樂大廈（現改名怡和大廈），高178.5米，共52層。時至今日，環球貿易廣場以484米的高度，共118層，成為全港最高的摩天大樓。

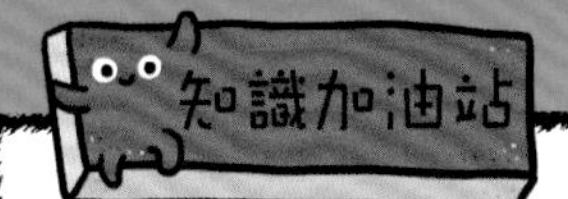

香港為何能夠從小漁港發展成為都市？

這要感謝維多利亞港了。它是一個優良的港口，適合貨輪停靠，令香港能夠成為貨物中轉站，社會經濟得以發展起來。現在的香港商業活動發達，是世界的金融中心，並重視旅遊業的發展。環球貿易廣場正是集辦公室、酒店和觀光景點於一身的摩天大樓。

不用緊張，放輕鬆吧。
Kawaii！
要擺姿勢嗎？
等等，我要
梳一梳羽毛。

「咔嚓，咔嚓。」鐘樓先生正忙着和遊人合照呢。

石獅安安和吱喳鳥可高興了，心想：遊人這麼多，即是鐘樓名氣大，神隱鳥可能在這裏呢。

「嗯，他前幾天來過。他說自己雖然可以飛，但也飛不到太空，只好去太空館參觀了。」鐘樓先生趁着有片刻空閒，匆匆說出神隱鳥的消息。

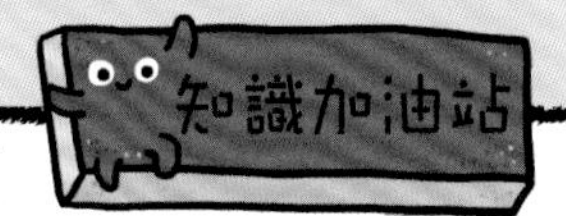

鐘樓和香港的鐵路有什麼關係？

1911年，來往九龍和廣州的鐵路正式通車，香港段的總站位於尖沙咀，即是鐘樓現在的位置。尖沙咀火車站拆卸後，便只餘下鐘樓了。而香港的地下鐵路則於1979年建成，最早通車的是觀塘線呢。

動動腦筋

鐵路對香港有多重要？

小朋友，香港的鐵路可以說是四通八達，你覺得鐵路可以為人們的生活帶來什麼好處呢？

（答案見第31頁）

「嘩！好大的菠蘿包呀！」吱喳鳥驚訝地說。

「咳咳，小朋友，我可是大名鼎鼎的太空館博士，不是菠蘿包。」太空館博士說。

太空館博士不但見過神隱鳥，還請他帶口訊給科學園的「金蛋」呢。

時近黃昏，石獅安安和吱喳鳥決定明天才去科學園。

叔叔跟太空館博士
的外形有點相似呢。

大清早，石獅安安和吱喳鳥便到科學園找「金蛋」。

「金蛋」名副其實，全身金光閃閃，神氣非凡；而裏面則是舉辦會議和表演的場地。

「你們要找神隱鳥？那得趕快了。他準備去旅行，會去圖書館找資料，你們可以去銅鑼灣的香港中央圖書館碰碰運氣。」金蛋叔叔說。

文化知多點

科學園內的「金蛋」有什麼寓意？

「金蛋」的正式名字是高錕會議中心，以表揚高錕教授的成就。「金蛋」的寓意，是鼓勵人們要以創新的思維和堅持不懈的精神進行科學研究，那麼發明品就有機會帶來巨大的利益。

知識加油站

誰是高錕？

高錕（1933-2018）是一位科學家，曾任香港中文大學校長。他發明了光纖，能夠以光速傳送大量信息。這項卓越的成就，讓他於2009年獲得諾貝爾物理學獎。

香港中央圖書館是香港面積最大、藏書最多的公共圖書館，難怪神隱鳥來這裏找資料。

石獅安安和吱喳鳥在這裏聽到一個壞消息。「神隱鳥昨天借書後便離開，趕去參加一場文化活動了。」中央圖書館哥哥說。

圖書已經借到，神隱鳥隨時會出發去旅行，石獅安安和吱喳鳥要加快行動了！

知識加油站

香港公共圖書館怎樣鼓勵市民多些閱讀？

為了方便市民借閱和歸還圖書，香港公共圖書館設有流動圖書館行走全港、24小時開放的自助圖書站，以及在港鐵站設置還書箱。此外，還提供電子圖書服務，讓市民可以全天候隨時閱讀！

香港中央圖書館
HONG KONG CENTRAL LIBRARY
動動腦筋
香港公共圖書館的服務足夠嗎？
小朋友，相信你也使用過香港公共圖書館的服務，你覺得它能夠令你更方便借閱圖書嗎？你對它的服務有什麼意見呢？
（自由發揮作答）

神隱鳥要參加的活動，原來是在美孚饒宗頤文化館（簡稱饒館）內舉辦的工作坊。

活動已經結束，但饒館爺爺對神隱鳥可是印象深刻呢。

「他反覆練習用書法寫那八個字，館內的墨和紙都幾乎給用完。」饒館爺爺笑着說，「明天他會去看兩場表演，然後就去旅行，你們要把握機會啊。」

文化知多點

饒宗頤文化館有什麼功能？

這裏從前是荔枝角醫院，經活化後成為一所文化館。除了設有關於這棟歷史建築的展覽外，還經常舉辦推廣中華文化的活動，例如文化講座、製作中華美食的工作坊、漢字文化體驗展覽等。這裏還有旅舍服務，可以讓住客日夜感受濃厚的文化氣息。

知識加油站

誰是饒宗頤？

饒宗頤教授（1917-2018）是一位國學家，在歷史、文學、哲學等多方面都有卓越的成就。除了學術研究外，饒教授也擅長寫書法、填詩詞、畫山水及人物畫等，是百年難得一見的國學大師。

　　鐃館爺爺說神隱鳥會先去灣仔的香港會議展覽中心（簡稱會展），石獅安安和吱喳鳥一早便來守候。

　　這裏經常舉辦大型活動，雖然今天賓客眾多，但會展小姐不慌不忙地招呼着，賓客們都相當滿意。

　　「賓客已經到齊了，但我沒看見神隱鳥呢。」會展小姐抱歉地說。

　　「不要緊，謝謝你幫忙。」石獅安安說。

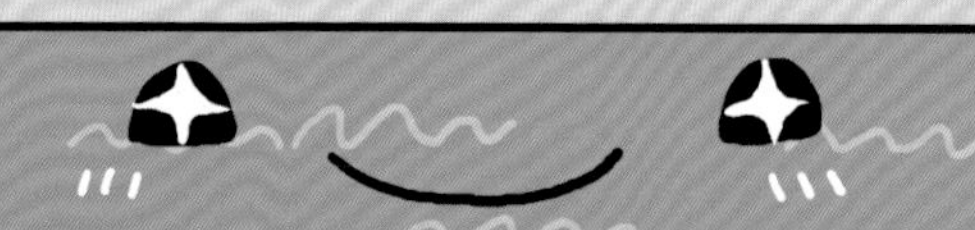

好的，希望你們一切順利。
知識加油站
香港會議展覽中心有什麼功能？
香港每年都會舉辦很多大型活動，吸引本地、亞洲，以至歐美等地的人前來參與，會展就是其中一個重要的活動場地，舉行香港書展、香港美食博覽、重要的商貿會議等。而歷年來在這裏舉辦的最受矚目的儀式，應是1997年的香港政權交接儀式了。
會展小姐，我們去下一站找神隱鳥啦。
再見。

石獅安安和吱喳鳥來到紅磡的香港體育館（簡稱紅館）。這裏除了舉行體育活動外，更是著名的娛樂表演場地。

突然，吱喳鳥大叫：「是神隱鳥！」

石獅安安緊張地問：「在哪裏呢？」說着，便想和吱喳鳥進入館內。

「對不起，這裏要買票才能進入，如果你們想找朋友，可以在外面等候。」盡責的紅館叔叔說。

文化知多點
紅館是歌星舉行演唱會的「聖地」？
香港體育館簡稱「紅館」，於1983年開幕。它是一個室內多用途表演場館，可以靈活布置以配合比賽或搭建舞台的要求。香港早期缺乏室內大型表演場地，紅館便成為歌星嚮往的聖地。第一位在紅館舉行演唱會的歌手，就是有「歌神」之稱的許冠傑。
不好意思，請你們在館外等候。
神隱鳥進去了！
哎呀！

表演結束，吱喳鳥終於找到神隱鳥了！可是吱喳鳥還沒說明來意，神隱鳥已飛快地說：「原來是吱喳鳥和你的朋友，來得正好，麻煩你們幫我拿行李到機場吧！」

對了，神隱鳥要去旅行，所以要到香港國際機場坐飛機呢。

「神隱鳥，今次你要帶兩個小朋友去旅行嗎？」機場先生笑着問。

「他們來送機的。」神隱鳥擺擺翅膀說。

知識加油站

香港國際機場對香港有多重要？

飛機不但可以載觀光客、商務人士往來世界各地，促進商業發展，也可以運輸貨物，確保香港的物資供應充足。香港國際機場屢獲殊榮，包括全球最佳機場、亞洲機場效率昭著獎等。由此可見，香港國際機場對香港有很重要的貢獻呢！

知識加油站

香港曾經有個世界知名的危險機場？

在1998年6月之前，香港的機場位於九龍城區，名叫啟德機場。它周圍都是密密麻麻的樓房，而且只有一條跑道，有「全球十大危險機場」的稱號，機師升降飛機時都要非常小心。

知識加油站

乘飛機出境前，要經過什麼保安檢查？

- 進入出境檢查大堂前，旅客要準備好登機證和旅行證件。
- 把手提行李或身上的電子及金屬物品放在托盤內進行保安檢查，而旅客本人則要走過金屬探測拱門。
- 旅客可以使用電子通道或到出境檢查櫃檯前把旅行證件交給海關人員檢查。
- 過關後，要在航班起飛前至少30分鐘抵達登機閘口啊！

快要入禁區了，神隱鳥說：「我知道你們為什麼來找我。」他拿出一張紙，上面用毛筆歪歪斜斜的寫了八個字：「海納百川　有容乃大」。

「你把它帶回去，鳥兒們就明白我的意思了。我要趕去看下一場演唱會，再見啦。」神隱鳥瀟灑地揮揮翅膀走了。

「美荷樓姨姨說神隱鳥喜歡有名氣的東西，原來是指他喜歡看明星！」石獅安安恍然大悟地說。

幾天後，吱喳鳥告訴石獅安安，全憑神隱鳥寫的那八個字，鳥兒們都願意坦誠溝通，各讓一步，紛爭終於平息了。

石獅安安問：「爸爸，什麼是『海納百川，有容乃大』呢？」

石獅爸爸說：「就是要像海洋般有廣闊的胸襟，能夠容納不同的江河。神隱鳥是告訴鳥兒們要互相包容，和平共處。」

石獅安安說：「嗯，大家能夠安居樂業就最好啦！」

動動腦筋

你會送給香港什麼禮物？

小朋友，通過認識不同的建築物，相信你已發現香港經歷過許多變遷，才形成今天的樣子。如果要送一份禮物給香港，你會送什麼呢？（自由發揮作答）

「動動腦筋」答案：

P.13：（參考答案）鐵路運輸的優點是載客量大、行駛快速和準時到站。鐵路可以讓人們更方便地前往不同的地方，而且能夠掌握交通時間，以計劃行程。

石獅安安愛遊歷

神隱鳥，你在哪兒？

作者：新雅編輯室
策劃・責任編輯：潘曉華
繪者・美術設計：李成宇
出版：新雅文化事業有限公司
香港英皇道499號北角工業大廈18樓
電話：(852) 2138 7998
傳真：(852) 2597 4003
網址：http://www.sunya.com.hk
電郵：marketing@sunya.com.hk
發行：香港聯合書刊物流有限公司
香港荃灣德士古道220-248號荃灣工業中心16樓
電話：(852) 2150 2100
傳真：(852) 2407 3062
電郵：info@suplogistics.com.hk
印刷：中華商務彩色印刷有限公司
香港新界大埔汀麗路36號
版次：二〇二〇年十一月初版
二〇二二年九月第二次印刷

ISBN: 978-962-08-7642-4

18/F, North Point Industrial Building, 499 King's Road, Hong Kong
Published in Hong Kong, China
Printed in China

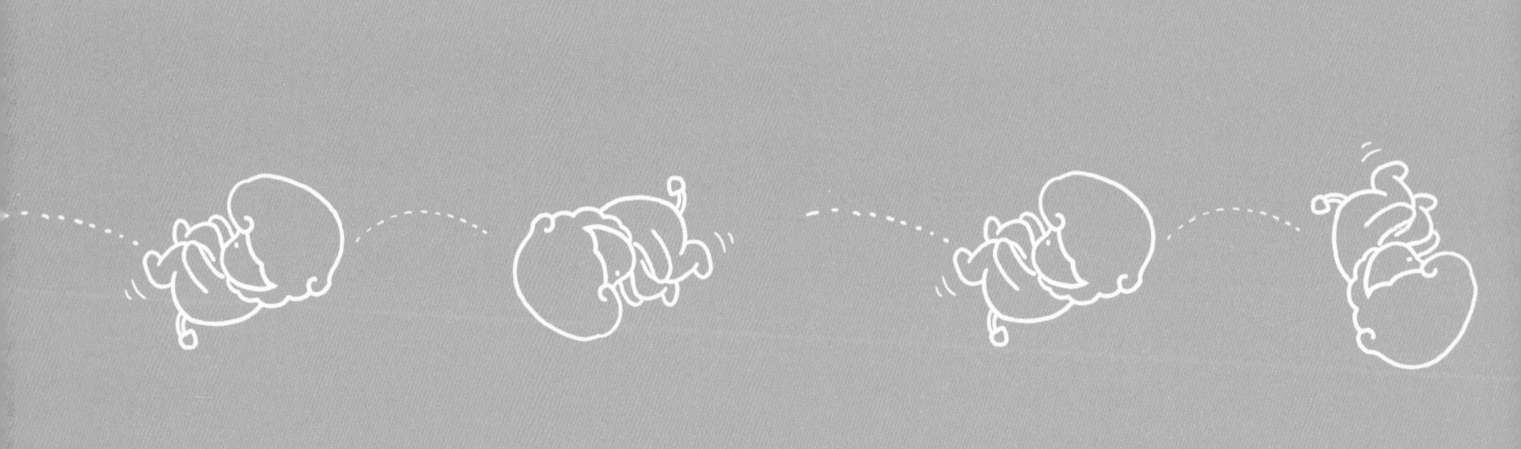